自己搞设计3888例

来自顶级设计师创意灵感

理想·宅编辑部　组编

餐厅·卧室

机械工业出版社
CHINA MACHINE PRESS

本书以国内一线知名设计师最新设计实景案例为基本内容，配以实用的装修设计指导与精彩案例点评，从风格、色彩、材料、家具、装饰、收纳等方面对餐厅与卧室的装修进行了全面的介绍与展示。全书以丰富的实例带给读者更为多样的真实装修体验，无论是自己装修还是委托给装修公司，这些精彩的设计灵感都非常值得欣赏与借鉴。

图书在版编目（CIP）数据

自己搞设计：来自顶级设计师3888例创意灵感．餐厅·卧室 / 理想·宅编辑部组编．—北京：机械工业出版社，2013.5
ISBN 978-7-111-42397-3

Ⅰ．①自…　Ⅱ．①理…　Ⅲ．①住宅餐厅－室内装饰设计－图集②卧室－室内装饰设计－图集　Ⅳ．①TU241-64

中国版本图书馆CIP数据核字（2013）第093016号

机械工业出版社（北京市百万庄大街22号　邮政编码100037）
责任编辑：张大勇
封面设计：骁毅文化
责任印制：乔宇
北京画中画印刷有限公司印刷
2013年6月第1版第1次印刷
210mm×225mm · 6印张 · 150千字
标准书号：ISBN 978-7-111-42397-3
定价：29.80元

凡购本书，如有缺页、倒页、脱页，由本社发行部调换

电话服务
社服务中心：（010）88361066
销售一部：（010）68326294
销售二部：（010）88379649
读者购书热线：（010）88379203

网络服务
教材网：http://www.cmpedu.com
机工官网：http://www.cmpbook.com
机工官博：http://weibo.com/cmp1952
封面无防伪标均为盗版

FOREWORD 前言

说起家装设计，很多人都觉得那是一门必须具备专业实力的艺术行业，但是目前国内的现状却是，很多经过简短培训甚至没有经过正规培训的人，摇身一变就成了设计公司所谓的设计师。还有很多家庭装修，由于没有找专业设计师进行设计，往往就是凭着感觉与装修师傅大致沟通一下就开工了。与其让如此低水平的“设计者”或者是根本不具备专业技能的施工队来给自己规划、指导，还不如自己掌握一些必要的设计知识，再结合对家的理解，自己来设计自己的居住空间，岂不是更好。

本书由“理想•宅编辑部”倾力打造的“自己搞设计：来自顶级设计师3888例创意灵感”系列就是为了满足读者的需求，将家庭装修设计所涉及的多个方面，分别进行了总结，并通过大量的图片进行说明。所有的文字都尽量精简，让读者一目了然，通俗易懂。

为本书提供图片的设计师有：艾木、邦雷装饰、秦海峰、郭瑞、沉砚、陈水平、陈温斌、陈宜、丁谦、樊秋苑、潘杰、冯宝芸、冯易进、耿波、王浩、贾八办、江惟、蒋宏华、李斌、梁苏杭、林骏、刘耀成、罗昊、吕晓兵、满登、毛毳、美颂雅庭、孟红光、黄译、欧慧、任清泉、姜姜、周闯、尚邦设计、冯建耀、宋建文、孙克仁、孙宇、王飞、王五平、巫小伟、徐鹏程、许清平、玄风设计、薛冬、闫立朋、由伟壮、元孚设计、张浩、张沁、张寿振、张有东、张禹、赵云、郑加洪、朱超、朱国庆、祝滔、赵丹、苏童、康博然、黄步延、黄新华、霍世亮、老鬼、尚邦设计、邵红升、杨克鹏、叶戈、张一良、章进、李海明、徐春龙、陈俊男、陈涛、宗英杰、支点装饰等。

参与本书编写的有：孙盼、杨柳、余素云、李小丽、王军、李子奇、邓毅丰、张志贵、刘杰、李四磊、孙银青、肖冠军、王勇、梁越、安平、王佳平、马禾午、谢永亮、黄肖等。

目录 CONTENTS

餐厅

现代家居中，餐厅正日益成为重要的活动场所。布置好餐厅，既能创造一个舒适的就餐环境，还会使居室增色不少。一般来讲，餐厅的设计有如下几点要求：空间要相对宽敞，功能分区要合理，确保视觉空间的开敞，通风采光要好，风格要明确，所选材料和家具，要考虑家庭成员的活动方便等。

餐厅虽然面积不大，但谁也不希望让就餐的地方影响自己的胃口。因为面积不大，造型可以讲究一些，应精致、轻巧；也可用细节来营造气氛，像造型吊顶、灯饰、餐具等，但宜精不宜多。暖暖的色调能增加人的食欲，还能营造一种洁净、明快的气氛。

破解风格 Crack style

简约餐厅的特色是将设计的元素、色彩、照明、原材料简化到最少的程度，但对色彩、材料的质感要求很高。现代风格的餐厅，在设计主题墙时要注意点、线、面的设计以及几何造型的应用，以突出时代感。在田园风格的餐厅，其饰品一般都有简洁的线条、自然的材质和清爽的色彩，这样能充分体现田园风格的温馨与质朴，不炫耀，也会更实用，同时也会让家里充满快乐的氛围。新怀旧主义的餐厅家居则将古典的繁杂雕饰简化，并与现代的材质相结合，呈现出古典而简约的新风貌，是一种多元化的设计理念。怀旧风格的餐厅在设计时强调空间的独立性，配线的选择要比新古典主义风格复杂得多。

01 近年来，简约主义以追求居室空间的简略、摒弃不必要的“浮华”而大行其道。

02 餐厅与厨房一体式需要注意不能使厨房的烹饪活动受到干扰，也不能破坏进餐的气氛。餐桌上方应设照明灯具。

03 简约不等于简单。简约是一种品位，是一种大气和最直白的装饰语言，而简单则是相对复杂而言的一种省事的方法和手段，两者有着本质的区别。

04 从近年的家具潮流来看，简约风格越来越流行。其实，看似简约的家具正在增加科技含量和设计元素。新的简约家具追求设计感、舒适感，体现科技含量和造型美。

05 现代时尚风格餐厅的设计通常多以流畅的线条为主。配以大块面积的形体处理。在材质的选择上，必将极其精致。

01

02

03

04

05

01 怀旧风格装饰在材料选择、施工、配饰方面上的投入比较高，多为同一档次其他风格的多倍，所以怀旧风格更适合在较大别墅、宅院中运用，而不适合较小户型。

02 欧式餐厅适合多人聚餐，多选用四人桌、长条形或圆形多人桌，注重营造室内氛围。优雅的色彩、柔和的光线、怀旧的家具、华贵的线脚、精致的餐具、华丽的吊灯等共同构成了欧式餐厅的美好氛围。

03 将怀古的浪漫情怀与现代人对生活的需求相结合，兼华贵典雅与时尚现代，反映出后工业时代个性化的美学观念和文化品位。

04 欧式风格的餐桌不用繁复的装饰，只需用低调、简洁的鲜花造型和优质的餐具共同衬托出优雅高贵的整体气质。

05 在对怀旧奢华风格的餐厅墙面进行装饰时，应从建筑内部把握空间，运用科学技术及文化艺术手段，创造出功能合理、舒适美观，符合人的生理、心理要求的就餐环境。

请勿触摸

01 中国传统居室非常讲究空间的层次感。这种传统的审美观念在“新中式”餐厅装饰风格中，又得到了全新的阐释：依据住宅使用人数和私密程度的不同，需要做出分隔的功能性空间，采用“垭口”或简约化的“博古架”来区分。

02 复古餐厅里可以选用一些铁艺或深木色的家具，做旧的手法则更能体现风格的质朴感。在装饰上，精致的铁艺吊灯、乡村风格的油画等都是不错的选择，但要注意宜精不宜多，避免过度堆砌。

03 中式餐桌椅精雕细琢，造型考究，散发着古朴深沉的气息，拥有大家风范，即使是在时尚的现代家庭里，也定会让人眼前一亮。现代中式餐桌椅没有过去的繁杂，木线条更为简练，质触感良好，再配以古色古香的配饰，自然、和谐。

04 将怀古的浪漫情怀与现代人对生活的需求相结合，兼华贵典雅与时尚现代，反映出后工业时代个性化的美学观念和文化品位。

05 中式餐厅的餐椅和别的装修风格很不相同，除了功能性和对餐桌的匹配外，对造型也有一定的要求，以契合中国传统文化；还有是色彩方面，一般是以餐桌为主题：餐椅一般高度在45cm左右，且坐着的时候应该使人略微靠后。

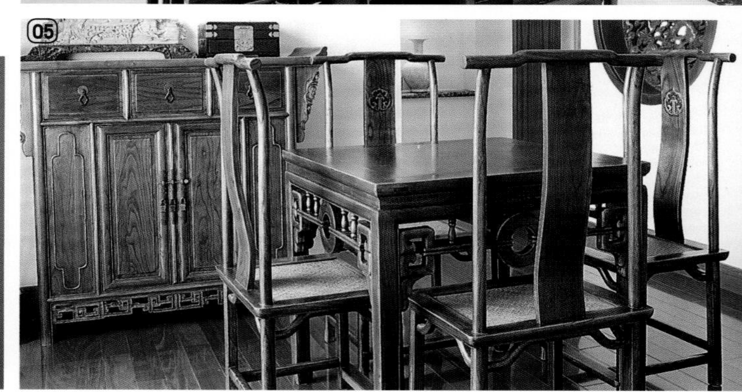

玩转色彩 Colour use

通常餐厅的色彩配搭都是随着客厅的，因为目前国内多数的建筑设计，餐厅和客厅都是相通的。这主要是从空间感的角度来考量的。同时，餐厅的色彩因个人爱好、文化修养和性格不同而有较大差异。一般来说，餐厅整体空间的氛围最好以轻松、祥和为主，最适合的是橙色以及相同色调的近似色。这两种色彩都有刺激食欲的功效，它们不仅能给人以温馨感，而且能提高进餐者的兴致。墙面色彩不妨选择轻柔的调和色，地面、家具等配以暖色或中性色，给人自然、放松的感觉，而色彩鲜明的餐桌布、餐具则不可或缺，它们是打开胃口的良方。

01 餐桌的颜色一般选用比较中性的颜色，如天然的木色、咖啡色、黑色等稳重的颜色为佳。尽量避免使用过于鲜艳、刺眼的颜色。

02 活泼的对比色会改变房间的气氛，餐厅若在统一的色调中加以对比色会立刻营造出一种热情而引人注目的气氛。同样，不寻常的对比色，像红色与黑色相配，或者白色与紫色相配，都会产生出强烈的现代风格。

03 灯光是营造气氛最有效的手段。餐厅宜采用低色温的灯光，漫射光，不刺眼，带有自然光感，这样才比较亲切、柔和。

04 餐厅的墙面是柔和的淡金色，如果再搭配一些风格浪漫的家具，能体现空间的贵族气息；搭配有光泽的家居用品，则更在个性时尚中映衬出神秘的气质。

05 紫色的餐椅坐垫，在黑白两色之间显得尤为突出，同时也弱化了黑白色调的冷硬。

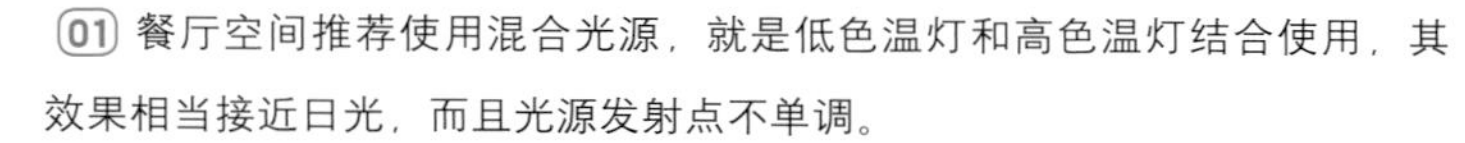

01 餐厅空间推荐使用混合光源，就是低色温灯和高色温灯结合使用，其效果相当接近日光，而且光源发射点不单调。

02 在色彩搭配中，黑白灰看似很简单，但独到的设计，会产生更富新意的层次感。如果再增加自然的原木色，就更能表现出温暖的气氛。

03 餐桌上一袭红色的格子桌布，与黄绿色条纹的墙面装饰相衬，也更加凸显了居室的田园风格，营造出休闲自在的氛围。

04 被称作最温柔的颜色搭配是黄色搭配橘色。因为黄色与橘色很接近，在色调上易于统一。颜色的协调让空间成为一个整体。

05 这个餐厅第一眼看上去便有一份温馨的自然气质，几乎可以忽略石材地面带来的冰凉感觉。布艺餐椅和橘色的墙面也更加奠定了这份感觉。

06 餐厅禁忌使用日光灯，其色温高，光照之下，偏色，人的脸看上去显得苍白、发青，饭菜也会变了颜色。

07 深褐色的餐桌椅极具现代风格，高贵而冷艳。搭配收纳颇多的墙壁，光滑、温暖、细腻，不仅展现出宽敞的质感与氛围，更为空间营造出雍容古典的生活气息。

巧用材料 To make best use of materials

餐厅地面以各种地砖和复合木地板为首选材料，它们都因为耐磨、耐脏、易于清洗而受到普遍欢迎。地砖和复合木地板可选择的款式非常多，可适用于各种不同种类的装饰风格，价格上也有多种选择。餐厅地面材料不宜用地毯，因为地毯不耐脏又不易清洗。餐厅的墙面材料以内墙乳胶漆较为普遍。为了整体风格的虚实协调，餐厅需要一个较为风格化的墙面作为亮点，这面墙可以重新描绘一下，采用一些特殊的材质来处理，如肌理墙漆、真石漆、墙布、壁纸，这些材料具有很好的肌理效果，通过对其款式的选择，可以烘托出不同格调的氛围，也有助于设计风格的表达。

01

02

03

04

05

06

01 在餐厅里，装修材料最好能控制在三种以内，否则过多的材料会显得堆砌过多，杂乱无章。同时搭配简洁的色调，更能给人一种雅致的感觉。

02 餐厅的墙面壁纸、地面色彩与餐桌椅的风格和谐统一，典雅高贵。

03 整套的餐桌椅精美舒适，将原本简单、空白的空间打造得充满自然气息。

04 选择造型独特的餐桌椅，就不需要再增加别的装饰了。它们已经是视觉焦点，完美地打造出独特的餐厅韵味。

05 光洁的高档红木餐桌、椅子上的梅花图案，墙壁上的木制雕刻装饰物，都一一将中国元素呈现，而座椅与地毯给餐厅带来了极其舒适的享受。

06 奢华的水晶灯下，是精美宽敞的餐桌，地面的拼花地砖也将空间渲染得极具韵味。

01

03

02

04

05

06

01 金属质地的餐桌椅，营造出现代简洁的餐厅环境。镜面带来明亮的视觉效果，起到了视觉上开阔空间的作用。

02 餐桌采用北欧风格设计，餐椅有优美的曲线，在金色的空间下，显得轻巧而优雅。而玻璃饰品，则将餐厅空间装点得光彩照人，让优雅和浪漫在空间中绽放。

03 白色的餐椅搭配黑色的金属餐桌，以玻璃加布艺的隔断墙面作为衬托，少了些冷硬单调，多了些柔和纯净，令整个餐厅显得温馨、利落。

04 选择餐桌椅无需拘泥于必须配套的原则，可以先买好餐桌后，餐椅再分零购买，而且同一款式的餐桌椅可因色彩、组合的不同，而调配出不同的风格。

05 玻璃的运用可以从感官上极大地提高居室面积、营造冰莹质感。尤其在崇尚自然、本色家装的今天，玻璃墙面更是成为时尚家装不可或缺的音符。

06 餐厅中的玻璃背景墙让这一区域看起来现代时尚，地砖地面与简洁的餐椅形成整洁利索的基调，所有的搭配都很简洁，凸显现代时尚的装饰风格。

合理家具 Reasonable furniture

作为就餐空间的餐厅，一定要以保证方便、舒适作为装修前提，具有亲切、愉悦的空间氛围。餐桌、餐椅是餐厅必不可少的家具，它们摆放的位置应方便人们的走动与使用。餐桌、餐椅、餐柜的大小及摆放形式应与餐厅的空间大小及就餐人数相适应，大的给人宽敞气派的感觉，小的则显得玲珑精致。餐椅的造型及色彩，要与餐桌相协调，并与整个餐厅格调一致。原木色餐桌椅则自然、质朴；不锈钢等金属材质的餐桌椅显朴实、大方，简洁，耐用。适合讲究实用的家庭选购；石材餐桌椅则凸显高贵、优雅。

(01) 白色的餐桌椅与白色的收纳墙相呼应，倚墙打造的收纳墙中能存放用餐、酒具等物品。既是装饰又能保证餐厅空间的整洁。

(02) 高档银色硬包镶家具，显得风格典雅，气韵深沉，在餐厅家具安排上，切忌东拼西凑，以免让人看上去凌乱又不成系统。

(03) 如果餐厅面积有限，而就餐人数并不确定，可能节假日就餐人员会增加，则可选择目前市场上最常见的款式——伸缩式餐桌，即中间有活动板，平时不用时收在桌子中间或卸下来，不要为了一年仅三四次的聚会而买一个特大号的餐桌。

(04) 餐桌椅的尺寸大小，要根据具体的餐厅空间来决定。一般来说，$4m^2$左右的餐厅不能摆放大于90cm × 90cm的4人餐桌。

(05) 木色的餐桌椅与地板相呼应，白色的墙面与地毯相呼应。令整个空间充满了和谐、自然的意味。

(06) 如果房屋面积很大，有独立的餐厅，则可选择富于厚重感的餐桌以和空间相配。这套复古欧式的餐桌椅，便能将空间打造得充满古典的贵族风范。

01

02

04

03

05

06

(01) 白色的餐桌椅，非常百搭，可适合各式风格家居。既是欧式风格，也是简约风格。线条流畅，让你舒适用餐。

(02) 配套的餐桌椅及餐具，没有纷繁复杂的花纹，简约舒适。款式百搭，典雅的欧式风格带给你一个焕然一新的餐厅。

(03) 实木部分为桦木，板式部分为优质中纤板贴樱桃木木皮，质地厚实坚硬，典雅的樱桃色透着浓郁的自然气息；便利的伸缩功能，可根据您的居室空间自由使用。

(04) 随意的原木餐桌椅为餐厅的自然舒适氛围增色不少。红色的布艺桌布更是点睛之笔。为空间带来一抹亮色。

(05) 原木色古典，蕾丝的精致，两种元素融合得完美无瑕。结构简单，又处处显现主人的细腻心思。

点睛装饰 Successful decoration

餐厅的陈设要既美观，又实用，不可信手拈来，随意堆砌，各类装饰用品因其就餐环境不同而变化。设置在厨房中的餐厅的装饰，应注意与厨房内的设施相协调；置在客厅中的餐厅的装饰，应注意与客厅的功能和格调相统一；若餐厅为独立型，则可按照居室整体格局设计得轻松浪漫一些，相对而言，装饰独立餐厅时，其自由度较大。灯光是营造气氛最有效的做法。餐厅宜采用低色温的灯光，漫射光，不刺眼，带有自然光感，这样才比较亲切、柔和。不妨试试使用混合光源，就是低色温灯和高色温灯结合使用，其效果接近日光，而且光源发射点不单调。

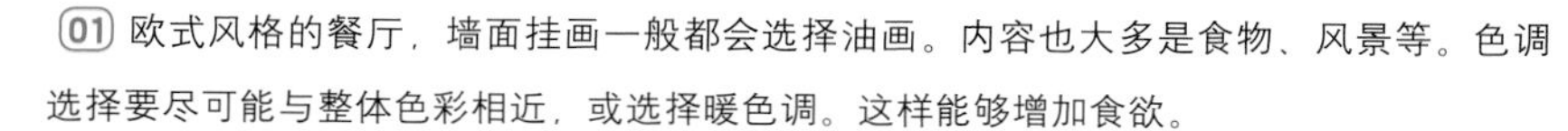

01 欧式风格的餐厅，墙面挂画一般都会选择油画。内容也大多是食物、风景等。色调选择要尽可能与整体色彩相近，或选择暖色调。这样能够增加食欲。

02 餐厅的墙面都是白色的，比较单调。不妨在墙面装饰一两幅装饰画，营造出视觉中心。

03 餐桌椅以蓝色为主，因此选择的酒杯也是蓝色，形成了色彩上的统一。将整体氛围更加和谐地展现出来。

04 欧式风格的装饰品，大多以华丽风格为主。只是随意地摆放在餐边柜上，就能为空间增色不少。

05 营造餐厅墙面的气氛既要遵从美观的原则，也要符合实用原则，不可盲目堆砌。以点缀环境为主，切不可喧宾夺主，杂乱无章。

01 餐厅植物装饰应有利于增进食欲，如在饭厅周围摆放棕榈类、梨类等叶类盆栽植物；也可按不同季节进行更替，如春用春兰、夏用紫苏、秋用秋菊、冬用一品红等。

02 白色的餐桌椅显得格外洁净、高贵。搭配紫色的餐巾，带有一丝神秘的气息。令餐桌也妩媚动人。

03 大量的绿植花草不可缺少，这样可以点缀出一派生动自然的休闲风光，即便是在屋内，也可坐拥春色。

04 秀丽的插花点缀出生机盎然的氛围，可令人精神振奋，增进食欲，为就餐提供了完美的环境。

05 千万别以为居室的丛林植物一定要选择大面积的绿色，色彩，淡雅的鲜花加少许绿色餐具，便可以散发出清新的丛林气息。

灵巧收纳 Smart storage

餐厅的收纳功能必不可少。收纳餐具，同时还可利用餐边柜、墙内柜或者搁架来弥补空间上的不足。餐厅的收纳，当然离不开餐柜的配合。餐柜里也能放置部分厨房用品，减缓厨房的收纳压力。餐桌旁的收纳柜不妨选择上柜和下柜组合的形式，这样的柜子收纳空间非常大，中间半高柜的台面还可以摆放一些餐厅的日常用品，例如电饭锅、水 、咖啡机、饮水机等。如果餐厅面积有限，可购买迷你搁架或吊柜，可做调配饮料之用和放置杯盘、蔬菜、水果、花卉、花瓶等。

卧室

卧室是相对私密的空间，是人们休憩、睡眠的地方。正是由于使用时间和功能的特殊性，卧室在装修设计中有很多独特的地方。卧室的设计最注重私密与舒适。卧室的装修原则如下：一是要静，二是要保持空气清新，三是除了满足睡眠功能，还应满足储存、化妆和休闲功能等。

由于卧室属于较为私密的空间，因此必须将风格与空间联系起来进行布置，大空间不宜选用过于简单的风格，否则会有冷清的感觉；相反，小房间则不宜布置得过于复杂，以免产生拥挤。一般来说，卧室的设计应以床为中心展开进行，毕竟睡眠还是其首要功能。对于卧室来说，相对简单的空间布局与统一的风格更能凸显细部装饰的效果，无论是墙面、顶棚、地面还是小小的隔断，甚至家具的选择、布置都会对空间产生非常大的影响。卧室还需配以相应融洽的灯光、配饰、绿植、收纳等，过于素白的装修，让人感觉冰冷而缺乏生活气息。

破解风格 Crack style

卧室首选需要安静的环境，其次是适当的温暖效果。因此，为满足以上两点基本要求，对卧室的设计要具备私密性与封闭性。在满足这两个基础条件后可根据各年龄段人的不同特点和风格喜好来规划设计卧室。

在卧室这个私享空间中，材质、家居、色彩、床品、窗帘等无一不显示着主人对生活品质的要求。通过改变卧室中的一些简单搭配，如窗帘、装饰品摆放等，就能轻易地让卧室焕然一新。

01 如果你选择了简约风格，就不要再对卧室进行繁琐的装饰，应保持简洁明快。

02 现代风格的卧室设计应结合年轻人追求时尚与潮流的理念，注重卧室空间布局和功能实用的特点，多采用白色作为卧室的主要色调，搭配出清新亮丽的自然元素。

03 很多时候一张舒适的座椅，一盏有气质的台灯就足以诠释简约风格了。尽量主色选择一到两种色彩，搭配色限制在三种以内。

04 对于卧室来说，应避免繁多的装饰，家具的线条尽量简单。此外，若是条件允许，落地窗也是不错的制造空间感的选择，能为简约风格带来大气之感。

05 床头柜应该整洁、实用，不仅可以摆放台灯、镜框或者小花瓶，还可以让你在床上也能方便地取放任何需要的物品。

06 卧室重视室内空间的使用功能，强调室内布置按功能区分的原则，废弃多余的、繁琐的附加装饰，使卧室看起来简洁流畅。

(01) 新古典风格采用简化的手法将现代的材料加工成传统家居式样，但这并不是刻意地仿古、复古，而是追求一种神似，创造出一种传统与现代的和谐，体现出主人的典雅与博弘的品位。

(02) 如果选择了简约风格，就应重视室内空间的使用功能，强调室内布置按功能分区的原则进行，废弃多余的、烦琐的附加装饰，使卧室看起来更为简洁流畅。

(03) 想要保持卧室空间的清新自然，主要注意以下两点：一要静。可采用地面铺地毯，外加厚实的窗帘吸挡部分噪声。二要保持空气新鲜，要经常通风。

(04) 新古典主义传承了古典主义的文化底蕴、历史美感及艺术气息，将古典美注入简洁实用的现代设计中，使得家居装饰更有灵性。

01 欧式复古风格的铁艺床，给人一种冷峻的感觉。但是如果你细细品味，就会发现其中还散发出一种时尚和细腻的复古的韵味。

02 主卧的色彩选用了淡淡的香槟金色，它柔和、高雅并且容易让人放松下来。无论是壁纸、布艺以及家居的颜色都遵从了这个色彩，给卧室带来不一样的静匿感受。

03 复古的床具，配以白色布艺织物，更加彰显出出淤泥而不染的气质。走进主人的卧室，就能感受到浓浓的怀旧情怀。

04 这套床品特有的欧式魅力和风情。它柔化了卧室背景墙的生硬线条，赋予居室特有的个人格调。

05 欧式卧室非常强调色彩的和谐搭配。和谐舒适的色彩有助于提高睡眠质量，因而选择卧室单品的色彩同时要注意避免过于暗淡，亦不能太跳跃或亮眼。

01 欧式古典风格卧室装修配以时尚大方的家具，特别是那款窗帘，一下子就能抓住人的眼球，让人身陷其中，感受17、18世纪文艺复兴的别样文化。

02 整个卧室没有任何过于抢眼的颜色，木色、棕色、咖啡色相互映衬，整体色调单纯而不单调，使卧室看起来含蓄、浪漫十足。

03 整体空间沉稳的色调能使空间安静下来。深褐色的家具与地面色彩呼应，贵气十足的床也为空间增添了不少典雅。

04 一睁开眼，就是落地窗外美妙的阳光，透过纱帘若隐若现。复古的四角床，使整个卧室多了几分怀旧与高贵。

05 壁纸图案选择应注重花的形态。本案壁纸是柔软、优雅、高贵的花的形态，深蓝的色调使墙面熠熠生辉。

玩转色彩 Colour use

在设计卧室时，首先想到的应该是舒适和宁静，我们可以通过对色彩的配置来营造舒适的卧室环境。具体到卧室颜色的选择，应该以有利于平静、放松为原则。对比色的应用在卧室里的使用应特别小心，位于色环对立位置的色彩，往往令人兴奋，但却不能持久。卧室的色调由两大方面构成，装修时墙面、地面、顶面本身都有各自的颜色，面积很大；后期配饰中窗帘、床罩等也有各自的色彩，并且面积也很大。这两者的色调搭配要和谐，要确定出一个主色调，比如墙上贴了色彩鲜丽的壁纸，那么窗帘的颜色就要淡雅一些，否则房间的颜色就太浓了，会显得过于拥挤；若墙壁是白色的，窗帘等的颜色就可以浓一些。

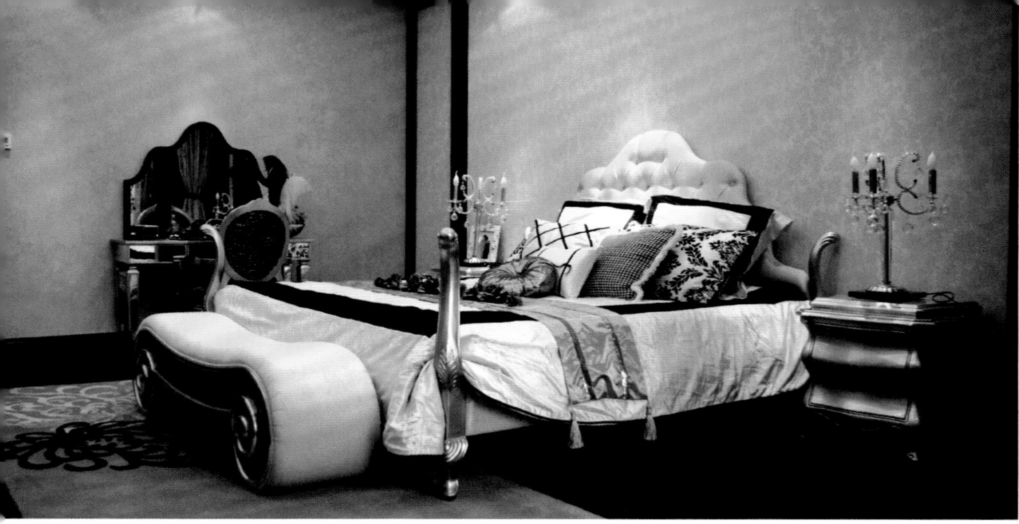

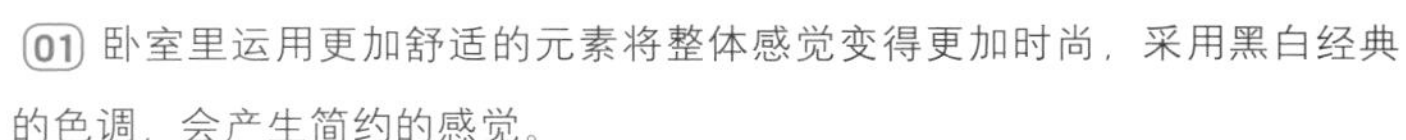

(01) 卧室里运用更加舒适的元素将整体感觉变得更加时尚，采用黑白经典的色调，会产生简约的感觉。

(02) 面积较大的卧室，选择墙面装饰材料的范围比较广，任何色彩、图案、冷暖色调的涂料、壁纸、壁布均可使用；而面积较小的卧室，选择的范围相对小一些，小花、偏暖色调、浅淡的图案较为适宜。

(03) 普通的白色床具、黑色的个性地毯、黑白相间的靠垫，使卧室散发着简约个性的气息。黑色与白色的搭配，将卧室的现代时尚展现得淋漓尽致。

(04) 黑白色彩，通过不同的设计展现出不同的味道。卧室的黑白花色靠垫，丰富了卧室的视觉感。

(05) 卧室的色调应以宁静、和谐为主旋律，素妆淡抹。

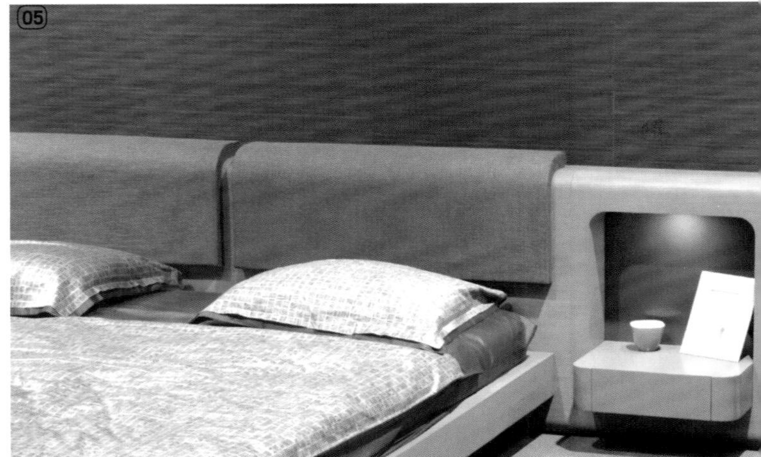

(01) 棕色具有优美曲线的新古典家具以及柔软的床品，为空间增添一些性感元素。

(02) 床品选择了较深的蓝色，那么墙面就不妨选择柔和的米色及橘色。将冷暖色调相融合，使卧室空间更加自然随性。

(03) 深蓝色是一种令人产生遐想的色彩，也使人感到幽雅宁静。搭配米色的家具，则中和了深蓝色的深沉与内敛。

(04) 蓝色代表着一种时尚浪漫，渴望自由悠闲的生活方式，适合喜欢阳光、大海，能够接受异域情调生活的人群。

(05) 蓝色为主色调的卧室能使人心情放松，舒缓镇定。但是卧室不能只有单一的蓝色，适当地加入些热烈的红色，可能会有一些意想不到的效果。

01

02

03

04

05

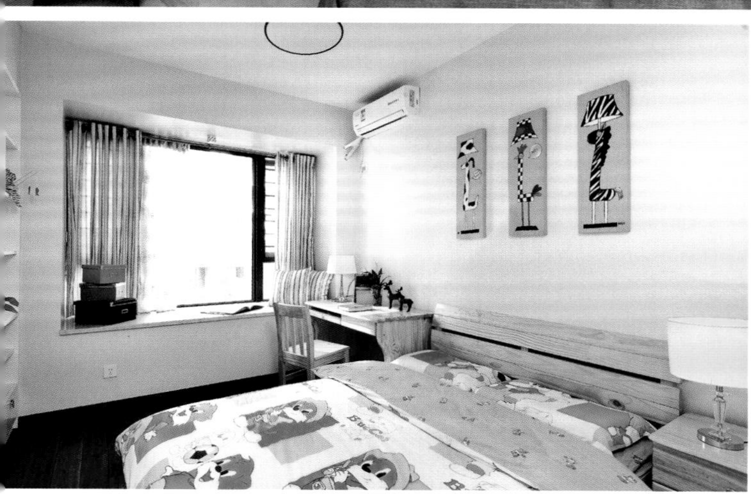

巧用材料 To make best use of materials

卧室应选择吸声性、隔声性好的装修材料，触感柔软美观的壁纸，具有保温、吸声性的地毯都是卧室的理想之选。窗帘应选择具有遮光性、防热性、保温性以及隔声性较好的半透明窗纱或双重花边的窗帘。若卧室里带有卫浴间，则要考虑到地毯和木质地板怕潮湿的特性，因而卧室的地面应略高于卫浴间，或者在卧室与卫浴间之间用大理石、地砖设一门槛，以防潮气。卧室装饰忌用反光强的材料，或复杂夸张的图形，否则睡觉时极易产生幻觉，太繁杂的空间环境则容易使人失眠。此外卧室的选材一定要注重环保健康，毕竟，卧室是我们生命中最重要的生活场所，卧室是否安全环保，直接关系到我们的健康状况。

01 一般卧室都会以温馨为主，因此地面宜用木地板。这里选择了较为深色的木地板，从而避免了产生飘忽感和头重脚轻感。

02 卧室装修的照明要求不多，但需要注意的是，卧室不宜采用向下照射的灯具，宜用照顶的灯光。但照顶的灯光如果采用白炽灯，可能造成灯上部顶面发黄的现象。

03 卧房应选择吸声性、隔声性好的装修材料，触感柔软美观的布贴，具有保温、吸声功能的地毯都是卧室的理想之选。像大理石、花岗石、地砖等较为冷硬的材料都不太适合卧室使用。

04 这种淡淡粉色的乳胶漆卧室墙面最适合想要营造温馨环境的人使用。不仅软化了黑白两色的强烈对比，又使得空间多了些柔美。

05 窗帘应选择具有遮光性、防热性、保温性以及隔声性较好的半透明的窗纱或双重花边的窗帘。

06 这个卧室的床头背景墙是格栅的形式，格栅既表现出了中式风格，又起到了分隔空间的作用，美观而实用。

01

02

03

04

05

06

01

02

03

04

05

06

01 简约是一种设计的提炼，是以简驭繁，以功能为上的现代装修设计理念。简约的卧室装修风格在视觉上给人舒适融合之感；温馨的色调使人产生平和的心境；有质感的材质让家散发高贵韵味。

02 卧室的主要功能是营造一个好的休息环境，而在现在社会压力较大的情况下，更需要给卧室营造一份静谧的感觉。

03 在这个案例中通过恰当的灯光设计，使整个卧室看起来温馨曼妙，两盏壁灯左右对称，为卧室成就了一种均衡之美，柔和温暖的氛围就是这样应运而生的。

04 床头背景墙选用了具有反光效果的玻璃材质，不仅突出了卧室华丽的风格，又在视觉上增大了空间面积，一举两得。

05 这款床具的设计采用的日式榻榻米形式，现代简约的风格的空间，纯白的地毯与床品相呼应，为居室带来温暖。

06 自然的原木地板，简洁明快的装饰线，浅紫色的床品，充满和谐、自然柔美的气息，舒适而随意，再加上柔和的光线，那份来自自然的秀雅清丽让人愉悦。

01 对于喜爱浪漫法式风格的业主来说，天鹅绒床头板及床尾的天鹅绒沙发都是最能体现高贵浪漫感觉的，复古的造型加上柔软高贵的材质，让这个卧室看起来格外典雅。

02 这款四柱床不仅外观典雅，就连色彩也十分复古， 仿佛历史沉积下来的珍宝般让人着迷。搭配墙面浅浅的花纹壁纸，柔和的灯光，让卧室呈现出古典的浪漫气质。

03 整个卧室透着一股典雅高贵的奢华气息。精美的软包背景墙与床具相衬，再加上金色的壁纸都能给人优雅的气质感受，深紫色的魅惑床品更是空间的一大亮点。

04 喜爱自然舒适的田园风情的业主，更青睐较为天然的材料，床头墙面装饰的轻柔幔帐，更能体现自然主义的清新和舒适感。

05 整个卧室都笼罩着一种田园、休闲的氛围。白色的床幔、同种色系花纹的床品窗帘、洁白的墙面，不需要多余的装饰，就能打造出清水出芙蓉的感觉。

合理家具 Reasonable furniture

卧室是家居中休息、睡眠的空间，因此，卧室的家具布置应以整洁舒适为主，不宜过于繁复。卧室的家具主要有寝具、梳妆、储藏、桌椅四大部分组成。寝具一般包括床和床头柜，梳妆包括梳妆台、镜子、椅子，储藏包括衣柜、收纳箱等，桌椅主要是指休闲沙发、茶几等。卧室家具的布置大多取决于房间门与窗的位置，习惯上以站在门外不能直视到床的陈设为佳，而窗户与床成平行方向较适合。此外，贮藏柜、小圆桌椅大多布置在床体侧向，视听展示柜则大多陈列在床的迎立面，以便于观看。梳妆台的摆放没有固定模式，可与床头柜并行放设，也可与床体呈平行方向布置。

01

01 一般家中最难整理的就是各种衣物了，如果空间允许的话，不妨将卧室整面墙都作为衣柜来收纳全家人的衣物。

02 充满童趣的床具、衣柜和小书桌，满眼都是孩子最爱的维尼熊形象，这几乎就是孩子心中理想的空间。

03 这款床头柜很符合居室简洁的风格，没有多余的造型，简简单单，却也能满足主人的需求。

04 绿色是大自然的色彩，让孩子置身在绿色的丛林中，激发孩子热爱自然、热爱生命、珍惜生活的美好天性。

05 蓝色的小书桌，简单的造型，很能体现儿童的童真童趣。原木的上下床具，更是满足了孩子活泼好动的天性。

02

03

04

05

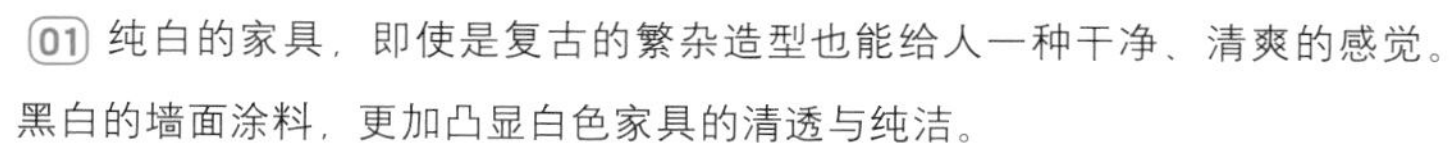

01 纯白的家具，即使是复古的繁杂造型也能给人一种干净、清爽的感觉。黑白的墙面涂料，更加凸显白色家具的清透与纯洁。

02 欧式风格的家具总能给人带来尊贵的宫廷之感，展现出雍容华贵的家居气质。这套奢华欧式风格的卧室组合套装，由精致的欧式双人床和床头幔帐组成，宫廷的气息扑面而来。

03 欧式古典风格最显奢华气派，装修上最容易出效果，最善于运用金色和银色以呈现居室的气派与复古韵味。但是要注意色彩搭配的平衡与协调，并注重同室内摆件色彩的相互融合。

04 这个欧式卧室的亮点在于与床具同系列的梳妆台，奢华精美，几乎是每个女性的大爱。

05 欧式家具在材质上主要分为实木、皮艺、布艺、板木结合等，实木家具总的来说比较环保，也比较奢华，各种材质都有各自的魅力，各自的特点。

01 粉色的家具，粉色的梦。这套卧室的家具非常符合小女生的感觉。青春，柔美，组合家具也能实现装饰、实用两不误。

02 床头灯的光线柔和温馨，映衬着背景墙的壁纸如梦如幻，营造出了非常浪漫的卧室氛围。

03 这款卧室第一眼就给人自然、质朴之感。原木材料的家具搭配纯白的床具，落地窗外的阳光洒入，更为居室增添了一丝柔美。

04 床品和窗帘都选择了碎花造型，在吊灯和床头灯的温暖灯光下，分外妩媚。欧式造型的床具更为居室增添了古典高雅的气质。

05 卧室的壁纸与床品相衬，清新、自然。略显古朴的床头柜及灯饰，更为这个清爽的空间增加了一份时代的厚重感。

01

02

03

04

05

点睛装饰 Successful decoration

卧室是私密性较强的空间，所以在这里，你可以尽情地放大个性，不需要过多地顾忌客人的喜好和感受。无论是在装修还是在装饰上，一切都可以在常规之外，例如搬走笨重的衣柜，换上开放式的衣帽间；同时主题墙、家具，甚至饰品都可以选用另类的造型和鲜艳的颜色。但值得注意的是，并不是处处突出个性就能打造个性卧室，这样往往会事与愿违。在一个空间里，突出单一个性，个性反而会张扬；适当的留白，个性就会更加突出，品位也就自在其中。还有一点千万别忘了，突出个性的时候一定要注意不要影响到自己的休息和睡眠。

01 卧室的窗帘最好有两层，外面的一层选择比较厚的麻棉布料，用来遮挡光线、灰尘和噪声，营造好的休憩环境，里面一层可用薄纱、蕾丝等透明或半透明的料子，主要用来营造浪漫的情调，颜色当然要和房间整体的格调相宜，最好能根据季节的不同调换窗帘的颜色和质地。

02 纯色的床品一般偏向简约风格，这里的棕色搭配白色床品魅惑而优雅，点缀的金色靠垫使卧室新颖时尚又不落俗套。

03 明亮鲜艳的颜色固然会带来节日的氛围，但是相比之下，黑白床品的素雅更适合日常生活。

04 卧室的整体风格偏向于现代时尚，在选择墙面装饰画的时候就一定要考虑是否能与居室相配。

05 抱枕不仅为我们增添了柔软舒适的感觉，更是装点空间的重要元素。时尚美观的抱枕，总是让人眼前一亮。

01

02

03

04

05

Soccer
THE
WORLD
CUP
GREATEST
IN THE WORLD

R 300

01 卧室中的普通照明需注意的是灯光要柔和、温馨、有变化，避免采用室内中央的唯一大灯，光线勿太强或过白，因为这种灯光常使卧室内显得呆板没有生气。

02 博古架既能装饰卧室空间，摆放主人喜爱的装饰物，又起到了分隔空间的作用。

03 在暖色调的家居环境中，冷色调的抱枕可以带来非常好的调节作用。使空间层次更加分明，另外颜色明快的抱枕总是受人青睐。

04 淡淡的蓝色床具，为空间增添了不少活力及清新。

05 卧室的床品很和谐，冷静的蓝色搭配白色，显得空间更加纯净。让人能够得到最好的放松。

灵巧收纳 Smart storage

卧室是一个私密的空间，各式各样的衣服，物品等总是让卧室变得窄小凌乱。尤其在夏天如果厚重的衣物未能及时收纳，就会让人感到烦躁，无法入眠。其实，只要掌握以下几点就能完美地玩转卧室收纳。

1.要善用床铺四周以及床下的空间。

2.墙面可采用开放式搁架或吊柜来进行收纳。

3.选择嵌入式衣柜能为卧室节省出大面积的空间。

01 衣柜对于卧室来说是重要的部分，大量的衣物都要放置在衣柜中，所以衣柜一定要挑选合适的。

02 不同花卉、植物，有不同的姿态、色彩、情调和寓意，和其他色彩容易协调，它对丰富空间环境，创造空间意境，加强生活气息，软化空间肌体，有着特殊的作用。

03 大容量的衣柜占据整个墙面，满足了家人对收纳的要求，合上门就使得室内整洁有序。

04 床头柜是床边收纳的好工具。台面上可以放置闹钟、台灯等，抽屉里也可防止一些零碎的用品，下面则可以放置杂志、书籍等，方便睡前阅读。

05 此处的收纳搁架既起到了收纳整理的作用，又有效地充当了隔断，分隔卧室与其他空间，保证了人的休息。

06 现如今，家居越来越讲究收纳功能与装饰性的结合统一。在卧室放置符合空间风格、气质的收纳柜，不但能充分地发挥其实用性，更会让空间变得雅致。